AUGUSTO EVERTON DIAS CASTRO (Org.)
ANTONIA MAURYANE LOPES (Org.)

MANUAL DO ESTUDANTE DE ENFERMAGEM:
conhecimento e prática em maternidades

1ª Edição

Autores:

Antonia Mauryane Lopes

Augusto Everton Dias Castro

Brenna Emmanuella de Carvalho

Éricka Maria Cardoso Soares

Nayanna da Silva Oliveira de Melo

Thiago Rêgo Vanderley

Copyright © Augusto Everton Dias Castro e Antonia Mauryane Lopes, 2013.
Todos os direitos reservados.

Dados Internacionais de Catalogação na Publicação (CIP)

Manual do estudante de enfermagem: conhecimento e prática em maternidades.

Organizadores: Augusto Everton Dias Castro, Antonia Mauryane Lopes. Raleigh, Carolina do Norte, Estados Unidos da América: Lulu Publishing, 2013.

51 p.
ISBN: 978-1-304-50487-6

1. Estudantes de Enfermagem. 2. Enfermagem Obstétrica. 3. Enfermagem materno-infantil.

I. Título

CDU: 616.08

"Que os vossos esforços desafiem as impossibilidades, lembrai-vos de que as grandes coisas do homem foram conquistadas do que parecia impossível."

Charles Chaplin

Sumário

Os Autores 5

Apresentação 7
Antonia Mauryane Lopes; Augusto Everton Dias Castro.

Capítulo 1. Centro Obstétrico 8
Augusto Everton Dias Castro; Nayanna da Silva Oliveira de Melo; Antonia Mauryane Lopes.

Capítulo 2. Unidade de Cuidado Intermediário Neonatal Convencional 23
Antonia Mauryane Lopes; Éricka Maria Cardoso Soares; Augusto Everton Dias Castro.

Capítulo 3. Banco de Leite 41
Augusto Everton Dias Castro; Antonia Mauryane Lopes.

Capítulo 4. Unidade Canguru 46
Thiago Rêgo Vanderley; Augusto Everton Dias Castro; Antonia Mauryane Lopes; Brenna Emmanuella de Carvalho.

Os Autores

Antonia Mauryane Lopes
Acadêmica de Enfermagem da Universidade Federal do Piauí. Ex-bolsista PIBIC/UFPI "Banco de leite humano da cidade de Teresina – PI: análise das doadoras e da autoeficácia em amamentação". Ex-ICV "Ações de enfermagem e implicações para o autocuidado de pessoas com diabetes mellitus na zona centro-norte de Teresina". Ex-bolsista dos projetos de extensão "Assistência humanizada à mulher no ciclo gravídico-puerperal" e "Ações de enfermagem em diabetes na comunidade: fortalecendo práticas do autocuidado". Ex-extensionista no projeto "Assistência de enfermagem à pessoa idosa em um serviço de neurologia do Hospital Getúlio Vargas".

Augusto Everton Dias Castro
Acadêmico de Enfermagem da Universidade Federal do Piauí. Acadêmico de Direito do Centro de Ensino Superior do Vale do Parnaíba. Ex-bolsista do projeto de extensão "Assistência humanizada à mulher no ciclo gravídico-puerperal". Ex-extensionista nos projetos "Assistência de enfermagem: contribuições na saúde reprodutiva de presidiárias de penitenciária feminina de Teresina – PI" e "Assistência de Enfermagem aos trabalhos do Centro de Abastecimento do Piauí (CEAPI)". Membro do Núcleo de Estudos e Pesquisas sobre o Cuidar Humano e Enfermagem (NEPECHE/UFPI) e do Grupo de Estudo, Pesquisa e Extensão em Estomaterapia e Tecnologia (GEPEETEC/UFPI).

Brenna Emmanuella de Carvalho
Acadêmica de Enfermagem da Universidade Federal do Piauí. Acadêmica de Psicologia da Universidade Estadual do Piauí. Ex-bolsista no projeto de extensão "Visita domiciliar como instrumento do cuidar em saúde mental na Estratégia Saúde da Família".

Éricka Maria Cardoso Soares
Acadêmica de Enfermagem da Universidade Federal do Piauí. Ex-bolsista dos projetos de extensão "Assistência humanizada à mulher no ciclo gravídico-puerperal" e "Assistência de enfermagem: contribuições na saúde reprodutiva de presidiárias de penitenciária feminina de Teresina – PI". Membro do Núcleo de Estudos e Pesquisas sobre o Cuidar Humano e Enfermagem (NEPECHE/UFPI).

Nayanna da Silva Oliveira de Melo
Acadêmica de Enfermagem da Universidade Federal do Piauí. Instrumentadora cirúrgica. Graduada e pós-graduada em História. Ex-bolsista do projeto de extensão "Assistência humanizada à mulher no ciclo gravídico-puerperal". Membro do Núcleo de Estudos e Pesquisas sobre o Cuidar Humano e Enfermagem (NEPECHE/UFPI).

Thiago Rêgo Vanderley
Acadêmico de Enfermagem da Universidade Federal do Piauí. Ex-PIBIC "Caracterização de clientes com mucosite oral submetidos a tratamento oncológico e suas implicações para a assistência de enfermagem".

Apresentação

O presente livro surgiu a partir de uma inquietação compartilhada por nós diante da vivência no ambiente acadêmico, e principalmente dentro das maternidades. O estudo da mulher no ciclo gravídico-puerperal e do neonato, com ênfase na ciência do cuidar, deve ser contínuo e bem compreendido pelo estudante para que o cuidado em Enfermagem se dê de forma eficaz.

A necessidade de conhecer o ambiente, as características clínicas das patologias, normas e rotinas, bem como sistematizar e simplificar a aplicação das intervenções em Enfermagem materno-infantil, direcionando a atenção do estudante de Enfermagem aos pontos inerentes à prática clínica, são os principais objetivos na elaboração deste livro.

Para tanto, esta obra faz um apanhado, de forma simples e didática, dos conhecimentos contidos nos manuais do Ministério da Saúde, aliando-os aos estudos mais recentes e relevantes, fundamentados em pesquisas científicas da prática da Enfermagem.

Antonia Mauryane Lopes
Augusto Everton Dias Castro

Capítulo 1. Centro Obstétrico

Augusto Everton Dias Castro
Nayanna da Silva Oliveira de Melo
Antonia Mauryane Lopes

1. Caracterização da Unidade

O Centro Obstétrico é a unidade da Maternidade destinada ao atendimento de gestantes em trabalho de parto. Tem funcionamento ininterrupto, e recepciona mulheres vindas tanto das demais unidades de internação da instituição como da admissão. Este setor é o responsável por realizar tanto os partos vaginais (no Centro de Parto Normal) como os partos cesarianos, curetagens e outras condições clínicas que necessitem de intervenção cirúrgica (Centro Cirúrgico).

A equipe que compõe esse setor é multiprofissional, podendo ser elencados enfermeiros obstetras, enfermeiros generalistas, médicos obstetras, médicos neonatologistas, médicos anestesiologistas e técnicos de enfermagem. Cabe ressaltar que diuturnamente há a presença de acadêmicos de enfermagem e medicina de diversas instituições de ensino, que ajudam a dar uma maior resolutividade aos casos.

A estrutura física é dividida em:

Salas de Pré-Parto: são salas destinadas a mulheres que já entraram em trabalho de parto, mas ainda não estão na fase ativa. Além dos leitos, há detector cardíaco fetal (Sonar-doppler) destinado à ausculta dos batimentos cardiofetais, luvas estéreis, álcool iodado, álcool 70%, gazes, esparadrapo, suportes para soro, caixas para perfuro-cortantes. Também é possível encontrar bolas e balanço pélvico ("cavalinho") destinados a aliviar a dor e desconforto, além de promover o parto normal.

Na maioria das vezes, uma dessas salas ser destinada à realização de um exame denominado **cardiotocografia** (corriqueiramente chamado de cardiotoco), realizado por meio de um aparelho chamado cardiotocógrafo. Esse é um exame que vem sendo muito utilizado para a avaliação da vitalidade fetal, e se baseia na identificação dos padrões da frequência cardíaca fetal e contrações uterinas. Atualmente, é empregado um sistema computacional para essa avaliação (NOMURA *et al.*, 2002).

Salas de Parto Normal: nelas que os partos vaginais são assistidos, ou por enfermeira obstetra ou por médico obstetra. São equipadas com cama PPP (pré-parto, parto, pós-parto), berço aquecido para recém-nascido, luvas estéreis, fármacos, kits de parto normal, foco de luz, campos estéreis, tubulação de gases (O_2, ar comprimido, vácuo), caixas de pérfuro-cortantes.

Sala do Recém-Nascido: é para onde os recém-nascidos vão após o parto, para receberem os cuidados de rotina (vide *Principais Procedimentos*). Lá serão encontradas soluções à base de prata, seringas, sondas, berços aquecidos, fraldas, estadiômetro, fita métrica, berços comuns, livros de registros, caixas de pérfuro-cortantes.

Salas de Cirurgia: destinadas a partos cesarianos, curetagens, laqueaduras e outros procedimentos cirúrgicos. Equipadas com mesa cirúrgica (pinças, campos, fios), foco fixo, foco móvel, maca, escada, tubulação de gases, bisturi elétrico, fármacos, compressas, gazes, oxímetro de pulso, monitor cardíaco, luvas estéreis, bomba de infusão.

Sala de Recuperação Pós-Anestésica (SRPA): é o local onde a mãe deve ficar após o procedimento cirúrgico, destinado a acolhê-la até que recobre sua consciência, estabilize os reflexos e sinais vitais. A permanência da paciente nesse ambiente permite a tomada mais imediata de ações, em caso de necessidade. Equipamentos como monitores cardíacos, bomba de infusão, capnógrafo, oxímetro de pulso, termômetro, esfigmomanômetro, estetoscópio, desfibrilador, ventiladores mecânicos, mantas térmicas e ventiladores mecânicos são de vital importância.

O Centro Obstétrico é dividido em repartições, de forma que o Centro Cirúrgico fique fisicamente separado do Centro de Parto Normal e da SRPA, ainda que a transição por esses espaços seja feita de forma acessível.

2. Principais Patologias e Intercorrências

O grupo de patologias observado no Centro Obstétrico é bastante variado. Ater-nos-emos nesse capítulo a discutir as situações mais rotineiramente encontradas: aborto, hemorragia pós-parto, amniorrexe prematura, isoimunização, descolamento prematuro da placenta e trabalho de parto prematuro.

O **aborto** é caracterizado quando há a expulsão de concepto pesando menos de 500g, até a 20-22 semanas de gestação. Etiologicamente, pode ser classificado como sendo espontâneo ou provocado. Das duas formas, o provocado é o que causa maiores complicações e representa sério problema à saúde pública (DOMINGOS; MERIGHI, 2010).

Por ser feito na clandestinidade, os abortos provocados apresentam inúmeros riscos à saúde da mulher, tais como perfuração uterina, retenção de restos placentários, infecções (com destaque à peritonite e o tétano) e septicemia. Tais complicações podem afetar a fertilidade (uma vez que pode levar à esterilidade e inflamações de diversas estruturas reprodutivas), problemas nas futuras gestações (risco de prematuridade, prenhez ectópica, aborto espontâneo e RNs com baixo peso ao nascer) como também ao óbito (HARDY; ALVES, 1992).

Dependendo do estágio do abortamento, diferentes condutas serão tomadas. Os casos mais complicados envolvem abortamentos incompletos ou retidos, nos quais podem ser necessários procedimentos como a aspiração manual intra-uterina (AMIU) ou ainda a curetagem uterina (antes da realização da curetagem, pode ser prescrito ocitocina ou misoprostol para promover a expulsão do produto conceptual) (BRASIL, 2001).

Caso seja observado quadro de sangramento com odor fétido, acompanhado de dor abdominal, febre e dor à manipulação de órgãos pélvicos, deve-se suspeitar de quadro de abortamento infectado. Nesses casos, ter em mente o risco de perfuração uterina ou de alças intestinais (BRASIL, 2001).

A conduta envolve a solicitação de exames que clareiem o quadro da paciente (hemograma, tipagem sanguínea, urina I, uréia e creatinina, coagulograma, hemocultura, cultura de secreção vaginal ou material endometrial, RX torácico ou abdominal), além de infusão de soluções parenterais (especialmente hemotransfusão) e uso de antibioticoterapia de amplo espectro e combinada (anerobicida + aminoglicosídeo). Em casos de pouca resposta, pode-se aliar o uso de ampicilina (BRASIL, 2001).

A **hemorragia pós-parto (HPP)** é um dos principais determinantes de mortalidade materna, cujas causas mais comuns envolvem a atonia ou inércia uterina (quando o útero não consegue efetuar contrações satisfatoriamente), lacerações do canal de parto, retenção placentária, rotura uterina e em pacientes com problemas de coagulação. É caracterizada quando há perda de mais de 500ml oriundos do trato genital durante as primeiras 24 horas após o parto (NAGAHAMA *et al.*, 2007; VILELA et al, 2007; CALADO *et al.*, 2006).

Nesses casos, é importante ser instaurada solução fisiológica ou glicosada (500ml) aliada ao uso de ocitocina. A reposição volumétrica é importante para que seja possível a oxigenação e hidratação tecidual. Caso sejam observados sinais de choque, deve ser feita infusão rápida de 2000 a 3000ml de soro fisiológico ou Ringer. Caso o quadro persista, vigora a necessidade de reposição sanguínea por meio de concentrado de hemácias, plasma fresco, plaquetas ou crioprecipitado (BRASIL, 2001).

A massagem uterina ou manobra de Hamilton e o uso de drogas uterotônicas são importantes estratégias na prevenção e controle da HPP. Deve-se palpar o fundo do útero, verificando se está contraído. Essa contração indica que os vasos sanguíneos também estão contraídos. Caso esteja com tônus fraco, estimular a contração através de massagem uterina, (essa massagem é um procedimento **privativo do enfermeiro** dentro da equipe de enfermagem) colocação de peso no abdômen e infusão de cálcio intravenoso (COREN-SP, 2011; SUN, 2006; GONZALES, 2005).

A **amniorrexe prematura** ou **ruptura prematura das membranas (RPM)** é uma condição que acomete por volta de 10% das gestações, caracterizada pela presença de solução de continuidade do córion e âmnio antes do início do trabalho de parto. Se essa ruptura ocorrer em um período da gestação a termo ou perto do termo (> 34 semanas), quando o feto já completou as principais etapas de maturação, não implica altos riscos. Nesses casos, o TP será iniciado dentro das 24-48 horas, sem intervenção (PIERRE *et al.*, 2003).

Em casos de RPM de pré-termo, em especial com período de latência (intervalo entre a ruptura das membranas e o início do TP) prolongado, há a presença de diversos riscos, em especial infecções, alterações na contratilidade uterina, oligoidrâmnio, apresentações distócicas, além daquelas decorrentes da prematuridade (PIERRE *et al.*, 2003).

A **isoimunização** acontece quando há a exposição do indivíduo a antígenos não próprios, o que desencadeia uma reação imunológica. Tal evento pode decorrer tanto de transfusão sanguínea quanto da gestação, em virtude da produção, por parte do feto, de anticorpos paternos e que chegam à circulação materna (BAIOCHI; NARDOZZA, 2009).

Dentre esses anticorpos, o que é responsável pela maior quantidade de casos de Doença Hemolítica Perinatal (DHPN) é o anticorpo Rh anti-D (RhD). Quando a gestante é Rh-D negativo, e o feto Rh positivo, leva à produção materna de aloanticorpos (anticorpos que reagem a antígenos provindos de indivíduos da mesma espécie) Rh anti-D. O risco presente nessa sensibilização está presente quando há contato sanguíneo transplacentário entre mãe e feto, o que acontece principalmente durante o parto (PEREIRA, 2012; NARDOZZA *et al.*, 2010; SHAVER, 2004).

Todas as gestantes devem, no pré-natal, ser submetidas à tipagem sanguínea ABO Rh. Se positivo, não há risco. Se negativo, deve ser realizada profilaxia através da administração por via IM ou

IV de 300 μg de imunoglobulina anti-D na 28° semana de gestação. No dia do parto, deverá ser feita a coleta de sangue do cordão umbilical e, se identificado que o bebê é RhD positivo, deve ser feita administração de 300 μg de imunoglobulina Rh até 72 horas pós-parto (PEREIRA, 2012; MOISE, 2002).

No que se refere ao RN, caso o sangue colhido no cordão apresente hemoglobina menor que 12g% e bilirrubina maior que 4-5%, deve receber exsanguineotransfusão (sangue O-), bem como é indicada a fototerapia e acompanhamento dos níveis de bilirrubina (MEDCURSO, 2003).

O **descolamento prematuro da placenta (DPP)** é uma condição clínica caracterizada pela separação da placenta do corpo do útero, notadamente antes da 20ª semana de gestação. Os sintomas não são frequentes, portanto o diagnóstico é feito por meio de ultrassonografia. Apresenta elevada taxa de mortalidade perinatal, chegando até a 40% (COUTO *et al.*, 2002).

Sua etiologia é pouco conhecida, mas didaticamente divide-se em traumáticas e não traumáticas. As traumáticas podem ser externas (compostas principalmente por acidentes ou traumas) ou internas (hipertonia uterina, excesso de movimentação fetal, tamanho reduzido do cordão, rápido escoamento do polidrâmnio). Já as causas não traumáticas são as mais importantes, podendo ser elencados fatores socioeconômicos, multiparidade, idade materna avançada, diabetes, tabagismo, e principalmente **hipertensão arterial** (presente em 75% dos casos) (SOUZA; CAMANO, 2002).

Nesses casos, a enfermagem deve palpar o tônus uterino; monitorar a perda sanguínea (volume, cor, frequência); auscultar os batimentos cardiofetais; monitorar os sinais vitais maternos; avaliar o nível de consciência; monitorar o débito urinário e a infusão de líquidos; proporcionar apoio emocional à mãe e à família (JOHNSON, 2012).

O **parto prematuro** é aquele que ocorre antes da 37ª semana de gestação. Sua etiologia é desconhecida em muitos casos, porém é possível elencar-se alguns fatores que predispõem a sua ocorrência: baixo nível socioeconômico, falta de higiene, extremos etários na gestação (<17 ou >35 anos de idade da gestante), problemas nutricionais, tabagismo e outras drogas, estresse, amniorrexe prematura, infecções e sangramentos. (BAQUIÃO, 2011; SOUZA; CAMANO, 2003).

A presença de pelo menos uma contração uterina, com duração de 30 segundos, no intervalo de 5-10 minutos e persistentes são sugestivas de parto pré-termo, observando também a dilatação do cérvix (igual ou superior a 1 cm), além de esvaecimento e outras alterações cervicais. Em caso de contrações irregulares ou ausência de modificações no colo uterino, têm-se o falso trabalho de parto (BAQUIÃO, 2011; BITTAR; CARVALHO; ZUGAIB, 2005).

Podem ser usados tocolíticos para inibição farmacológica do trabalho de parto, mas é importante observar se o serviço conta com bom atendimento neonatal, se a dilatação ainda está inferior a 3 cm e se a idade gestacional está entre a 22ª e 34ª semana, e sempre avaliando o risco-benefício caso a caso. Dentre os fármacos, é possível citar os beta-agonistas (notadamente a terbutalina), antagonista da ocitocina (atosiban), sulfato de magnésio (antagonista do cálcio na fibra muscular), inibidores de prostaglandinas e bloqueadores de canais de cálcio (BITTAR; CARVALHO; ZUGAIB, 2005).

3 Principais Procedimentos

3.1 Mulher

- Receber a gestante e encaminhá-la à sala de pré-parto ou sala onde aguardará cesariana;
- Prestar conforto e orientações;
- Registro no Livro Ata;
- Entrevista compreensiva e exame físico (Data, hora, estado civil, consultas pré-natal, hidratação, coloração de pele e mucosas, alergia, intercorrências na gestação, nº de gestações, partos e abortos (G_ P_ A_), data da última menstruação (DUM), idade gestacional (IG), sinais vitais (SSVV), diurese, hábitos intestinais, integridade da bolsa amniótica, sangramento transvaginal (STV), perda de líquido amniótico,

batimentos cardíacos fetais (BCF); manobras de Leopold, dinâmica uterina, períodos do parto, dilatação, edema, movimentação fetal).

- Registro da Admissão;
- Punção venosa, caso necessário (instalação de soro ou manter acesso para medicação);
- Administrar medicações;
- Técnicas de alívio da dor (massagens, encaminhar ao banho, deambulação);
- Avaliar vitalidade fetal (altura uterina, movimentação fetal, BCF, encaminhar à cardiotocografia);
- Sondagem vesical;
- Encaminhar para esvaziamento vesical;
- Auxiliar o enfermeiro no parto;
- Administrar ocitocina;
- Registro do parto no Centro Obstétrico (registrar tipo de parto, posição do recém-nascido, sexo, tônus, choro, coloração, Apgar 1° e 5° min., contato com a mãe; delivramento espontâneo, condições da placenta (integridade), episiotomia, episiorrafia, laceração, intercorrências, ocitocina, klisteller, equipe que realizou o parto).
- Registro de puerpério imediato (condições gerais, contração e altura uterina, loquiação, SSVV, condições da mama, mamilo, presença de colostro, contato do RN com a mãe,

amamentação, pega, sucção, registro das medidas antropométricas).

3.2 Recém-Nascido

- Secar recém-nascido, imediatamente após o nascimento, com campos estéreis;
- Colocar em berço aquecido;
- Aguardar procedimentos do pediatra, residente ou enfermeiro (Apgar, aspiração vias aéreas superiores, fixar ligas no cordão umbilical) que garantam estabilidade do recém-nascido;
- Pesar, medir, credeizar olhos e vagina e fazer vitamina K, IM;
- Punção venosa;
- Administração de medicamentos conforme prescrição;
- Sondagem orogástrica;
- Agasalhar o recém-nascido;
- Colocar o recém-nascido para amamentar;
- Registrar o recém-nascido no Livro Ata;
- Evolução de Enfermagem e Anotações dos cuidados.

Referências

BAIOCHI, E.; NORDOZZA, L. M. M. Aloimunização. **Rev. Bras. Ginecol. Obstet.**, Rio de Janeiro, v. 31, n. 6, 2009.

BAQUIÃO, I. **Trabalho de parto prematuro:** fatores de risco e estratégias para sua predição e prevenção. 2011. Trabalho de

Conclusão de Curso (Especialização em Atenção Básica em Saúde da Família) – Universidade Federal de Minas Gerais, Campos Gerais, 2011.

BITTAR, R. E.; CARVALHO, M. H. B.; ZUGAIB, M. Condutas para o trabalho de parto prematuro. **Rev. Bras. Ginecol. Obstet.**, Rio de Janeiro, v. 27, n. 9, 2005.

BRASIL. Ministério da Saúde. Secretaria de Políticos de Saúde. Área Técnica de Saúde da Mulher. **Parto, aborto e puerpério**: assistência humanizada à mulher. Brasília: Ministério da Saúde, 2001.

CALADO, E. et al. Hemorragias graves do 3º e 4º períodos do trabalho de parto e miomas submucosos. **Arq. Med.**, Porto, v. 19, n. 4, 2005.

CONSELHO REGIONAL DE ENFERMAGEM DE SÃO PAULO. **Parecer COREN-SP GAB Nº 018/2011**. Assunto: Massagem uterina para auxílio da involução uterina. São Paulo, 2011.

COUTO, J. C. F. et al . Descolamento Crônico da Placenta: Relato de Caso. **Rev. Bras. Ginecol. Obstet.**, Rio de Janeiro, v. 24, n. 3, 2002.

DOMINGOS, S. R. F.; MERIGHI, M. A. B. O aborto como causa de mortalidade materna: um pensar para o cuidado de enfermagem. **Esc. Anna Nery Rev. Enferm.**, v. 14, n. 1, Rio de Janeiro, 2010.

GONZALES, H. **Enfermagem em ginecologia e obstetrícia**. 11. ed. São Paulo: Editora Senac, 2005.
HARDY, E.; ALVES, G. Complicações pós-aborto provocado: fatores associados. **Cad. Saúde Pública**, Rio de Janeiro, v. 8, n. 4, 1992.

JOHNSON, J. Y. **Enfermagem materna e do recém nascido desmistificada**. São Paulo: AMGH Editora, 2012.

MEDCURSO. **Obstetrícia 2003** – Doença Hemolítica Perinatal. 2003.

MOISE, K. J. Management of rhesus alloimmunization in pregnancy. **Obstet. Gynecol.**, New York, v. 100, n. 3, 2002.

NAGAHAMA, G. et al. O controle da hemorragia pós-parto com a técnica de sutura de B-Lynch: série de casos. **Rev. Bras. Ginecol. Obstet.**, Rio de Janeiro, v. 29, n. 3, 2007.

NOMURA, R. M. Y. et al. Análise Computadorizada da Cardiotocografia Anteparto em Gestações de Alto Risco. **Rev. Bras. Ginecol. Obstet.**, v. 24, n. 1, Rio de Janeiro, 2002.

NORDOZZA, L. M. M. et al. Bases moleculares do sistema Rh e suas aplicações em obstetrícia e medicina transfusional. **Rev. Assoc. Med. Bras.**, São Paulo, v. 56, n. 6, 2010.

PEREIRA, P. C. M. **Isoimunização Rh Materna. Profilaxia, diagnóstico e tratamento:** aspectos atuais. 2012. Monografia (Bacharelado em Medicina) – Faculdade de Medicina da Bahia, Universidade Federal da Bahia, Salvador. 2012.

PIERRE, A. M. M. et al. Repercussões maternas e perinatais da ruptura prematura das membranas até a 26ª semana gestacional. **Rev. Bras. Ginecol. Obstet.**, Rio de Janeiro, v. 25, n. 2, 2003.

SHAVER, S. M. Isoimmunization in pregnancy. **Crit. care nurs. clin. North Am.**, Philadelphia, v. 16, n. 2, 2004.
SOUZA, E.; CAMANO, L. Projeto Diretrizes. **Descolamento prematuro da placenta.** 2002.

SOUZA, E.; CAMANO, L. Reflexões sobre a predição do parto prematuro. **Femina**, Rio de Janeiro, v. 31, n. 10, 2003.

SUN, Y. S. Doença trofoblástica gestacional. In: LOPES, A. C (editor). **Diagnóstico e Tratamento, Volume 2**. Barueri: Manole, 2006. p. 1730-34.

VILELA, H. et al. Oxitocina endovenosa na profilaxia activa da hemorragia pós-parto em cesariana. **Revista SPA**, Lisboa, v. 16, n. 2, 2007.

Capítulo 2. Unidade de Cuidado Intermediário Neonatal Convencional

Antonia Mauryane Lopes
Éricka Maria Cardoso Soares
Augusto Everton Dias Castro

1. Caracterização da Unidade

Toda maternidade, seja ela de referência ou não, deve possuir uma Unidade de Cuidado Intermediário Neonatal Convencional (UCINCO). É um ambiente de assistência aos recém-nascidos que necessitam de cuidados intermediários ao nascer. Esses bebês na sua maioria são advindos das salas de recém-nascido, das Unidades de Terapia Intensiva e, em alguns casos, bebês vindos de outros hospitais.

Esse ambiente possui leitos (incubadoras e berço aquecidos), que devem ser dispostos por toda a área, com boa visualização da equipe e dentro dos parametros da Resolução 50/02 da Anvisa. Deve possuir balcão com boa visibilidade - local em que ficam as prescrições diárias e acomodamento dos profissionais para anotações.

Possui sala para preparação das medicações (com armários, pia e frigobar), sala para guarda dos materiais esterilizados (gazes, halo O_2, dispositivo de Pressão Positiva Contínua Nasal - CPAP, ambú) expurgo e depósito. A grande maioria conta ainda com uma ante sala para acomodação dos pais e visitantes, pia para lavagens das mãos e colocação dos equipamentos de proteção individual e banheiros.

Quanto aos equipamentos, deve ter canalização de gazes, halo O_2, CPAP, *baby* CPAP, carrinho de parada, oxímetro de pulso, infusores e bomba de infusão. É oportuno lembra que muitas vezes a precariedade e o mau funcionamento de alguns equipamentos podem ocasionar certo desconforto por parte dos profissionais, o que torna a assistência deficitária.

Quanto aos registros existentes, deve existir livros de relatórios, Procedimento Operacional Padrão, livros de controle diário dos recém-nascidos, boletim de solicitação de exames e outros necessários para organização do setor.

Em relação à equipe, é primordial que exista por plantão: médico pediatra, enfermeiro, técnicos de enfermagem, enfermeiro responsável técnico, assim com fonoaudiólogo e fisioterapeutas.

A importância da Sistematização da Assistência de Enfermagem (SAE) é um fator importante dentro desses setores, afim de uma implementação total. Para Truppel *et al.* (2009), a SAE configura-se como uma metodologia para organizar e sistematizar a assistência, mediada pelos princípios científicos.

Algumas patologias possuem prevalência nesses setores neonatais, embora se deva considerar as variações encontradas em diversas áreas geográficas. Dentre elas, destacam-se: patologias relacionadas à síndrome do desconforto respiratório (SDR), anóxia, hidrocefalia, cardiopatias e má formação congênitas, sepse, sífilis congênita, dente outras.

Ainda deve-se considerar que a grande maioria dos recém-nascidos internados possui baixo peso ou extremo baixo peso **associada ou não a prematuridade**, retardo no crescimento intrauterino (RCIU), deglutição prejudicada ou dificuldade de sucção, bem como outros agravos que necessitam de cuidados imediatos e intensivos específicos.

Quanto aos cuidados dispensados na UCINCO, envolvem higienização, alimentação, administração de medicamentos, assistência de enfermagem diária aos recém-nascidos, aspiração de resíduos gástricos e/ou secreções pulmonares, punção venosa periférica, umbilical e dissecção venosa, fototerapia, fonoterapia, curativos e transfusão sanguínea.

Como cuidado integral dentro de setores neonatais, os profissionais, em especial o enfermeiro, não devem direcionar o seu olhar somente para os equipamentos que irão melhorar significativamente o quadro clínico dos bebês, mas que tenha uma visão crítica e reflexiva acerca de todos os membros envolvidos, com ênfase na família. Essa, por sua vez, já se encontra fragilizada devido os anseios da internação de um filho e das complicações futuras que esses possam desenvolver. Dessa forma, almeja-se por assistência de enfermagem integral e participativa.

Cabe mencionar que as mães devem ser atuantes e participarem eficazmente nos cuidados aos bebês, no sentido de estimular o vinculo mãe-filho, promover sucção e amamentação no seio materno. Trata-se de cuidados diretos, que minimizam os anseios frente ao quadro clinico do bebê.

Quando se pretende estagiar em um campo como esse, devem-se observar as normas e rotinas do setor, e sempre procurar aprofundar o saber com o saber-fazer e saber-agir.

2. Principais patologias e intercorrências

O Retardo do Crescimento Intrauterino Restrito (RCIU) caracteriza-se quando o peso fetal corresponde aos percentis menores que 3 e 5. A inibição do crescimento na primeira fase da gestação, causado por hiperplasia celular, resultará em fetos menores, com menor número de células, porém estas com tamanho normal, mesmo em menor número (MOREIRA NETO; CÓRDOBA; PERACOLI, 2011)

A definição de RCIU baseia-se também na distribuição de peso e idade gestacional comparadas à curvas-padrão da população, sendo importante determinar curvas específicas, pois o crescimento fetal pode ser influenciado por fatores como raça, sexo, classe social e altitude (CETIN; ALCINO, 2009).

A morbidade perinatal para feto com RCIU relaciona-se a presença de hipóxia, aspiração de mecônio, hipoglicemia, hipocalcemia, queda dos elementos figurados do sangue, queda na temperatura, hemorragia nos pulmões e prejuízo no desenvolvimento neurológico e motor. Portanto, os recém-nascidos que nasceram com RCIU poderão ter influência no desenvolvimento logo no período pós-natal, repercutindo sobre o estado nutricional na infância, existindo evidências que nascer pequeno para a idade gestacional está associado ao aumento de risco de desenvolver doenças cardiovasculares e diabetes na vida futura (BRASIL, 2011).

A RCIU pode ser classificada em três tipos: tipo 1, ou simétrico/hipoplásico, que ocorre devido a fatores etiológicos que atuam no início da gestação, na fase de hiperplasia celular, que leva a redução do número de células. Tais fatores causais são infecções maternas, alterações cromossômicas e malformações congênitas. O tipo 1 ocorre em 20% dos casos. Tipo 2, ou assimétrico, caracteriza-se por insuficiência placentária. Geralmente ocorre no 3º trimestre tendo incidência de 75% dos casos. Como consequência, observa-se desproporção entre o crescimento do pólo cefálico e do tronco e membros. O tipo 3, ou intermediário/misto, decorre de agressões na fase de hiperplasia e/ou hipertrofia do crescimento celular. Destaca-se como fatores causais a desnutrição materna e consumo de drogas ilícitas, álcool, fumo e cafeína pela gestante. O diagnóstico do tipo 3 é raro, correspondendo a apenas 5% dos casos (CETIN; ALCINO, 2009).

Segundo Moreira Neto, Córdoba e Peracoli (2011), os principais fatores etiológicos da RCIU são representados por fatores maternos, fetais e placentários. Os *fatores maternos* referem-se a idade, raça, baixo nível socioeconômico e cultural, má adaptação cardiovascular, transtornos do estado nutricional, baixo peso pré-gestacional ou ganho insuficiente de peso durante a gestação, altitude elevada, paridade, duração da gestação, tabagismo, abuso de álcool, uso de drogas ilícitas ou teratogênicas.

Os *fatores fetais* envolvem principalmente as manifestações genéticas, o potencial genético 1 e o processo organogenético, reduzindo a taxa de utilização de nutrientes por unidade de peso e diminuindo permanentemente o número de células. Isso ocorre nas condições genéticas como as síndromes de Down, de Edwards, de Turner e nas triploidias, além das relacionadas às infecções como rubéola, herpes, toxoplasmose e citomegalovírus (MOREIRA NETO; CÓRDOBA; PERACOLI, 2011).

Os *fatores placentários* são causados pela insuficiência vascular uteroplacentária, que diminui o fluxo e determina o RCIU por mecanismos de redução da pressão de perfusão, aumento da resistência vascular placentária e diminuição da superfície vascular de trocas. Pode ainda manifestar-se por condições como artéria umbilical única, anormalidade uterina (útero bicorno, septado), anormalidade do sítio de implantação (placenta prévia), placenta circunvalada, inserção velamentosa de cordão umbilical, tumores (corioangioma), síndrome de transfusão fetal, mosaico placentário e infartos da placenta. (MOREIRA NETO; CÓRDOBA; PERACOLI, 2011)

A **Síndrome do Desconforto Respiratório (SDR)** é a afecção respiratória mais frequente no recém-nascido pré-termo, sendo mais comum naqueles com menos de 28 semanas de gestação, do sexo masculino, em filhos de mãe diabética e nos que sofreram asfixia ao nascimento (BRASIL, 2011).

Consiste na falta de amadurecimento pulmonar e ocorre pela produção inadequada de surfactante. O surfactante pulmonar é constituído basicamente por lipídeos (90%) e proteínas (10%), sendo a fosfatidilcolina saturada seu principal componente, responsável pela diminuição da tensão superficial do alvéolo. Dentre as proteínas, destacam-se as apoproteínas (SP-A a SP-D), fundamentais na determinação da função e do metabolismo desse surfactante (BARBAS; MATOS, 2011).

O recém-nascido pré-termo apresenta deficiência da quantidade total de surfactante pulmonar. Essa deficiência resulta em aumento da tensão superficial e da força de retração elástica, ocasionando instabilidade alveolar que possibilita formação de atelectasias progressivas, com diminuição na complacência pulmonar. As atelectasias, por sua vez, levam a diminuição da sincronia entre ventilação e perfusão, aumentando o *shunt* intrapulmonar e levando à hipoxemia e hipercapnia, que provocam constrição dos vasos e baixa perfusão nos pulmões, com aumento da pressão nas artérias pulmonares e, com isso, *shunt* extrapulmonar através do canal arterial e forame oval, estabelecendo-se assim um círculo vicioso (BRASIL, 2011).

Os sinais de desconforto respiratório aparecem logo após o nascimento e intensificam-se progressivamente nas primeiras 24 horas; atingem o pico em torno de 48 horas, com sinais de melhora gradativos após 72 horas de vida. Já nos casos com má evolução, os sinais clínicos se acentuam, com surgimento de episódios apnéicos e queda dos estados hemometabólicos (BRASIL, 2011; BARBAS; MATOS, 2011).

O diagnóstico de SDR é um tanto complexo, mas pode ser identificado por meio dos seguintes aspectos: evidências de prematuridade e imaturidade pulmonar; início do desconforto respiratório nas primeiras 3 horas de vida; evidências de complacência pulmonar reduzida; trabalho respiratório aumentado; necessidade de oxigênio inalatório e/ou suporte ventilatório não invasivo ou invasivo por mais de 24 horas para manter os valores de gases sanguíneos dentro da normalidade; bem como radiografia de tórax mostrando parênquima pulmonar com velamento reticulogranular difuso e broncogramas aéreos entre 6 e 24 horas de vida (BRASIL, 2011).

O tratamento da SDR baseia-se na estabilização metabólica, reposição precoce de surfactante e ventilação mecânica não agressiva, e, em casos mais graves, a ventilação invasiva pode ser indicada (BARBAS; MATOS, 2011).

As **meningomieloceles** são caracterizadas por defeitos congênitos de fechamento do canal medular, com gravidade variável. A meningomielocele ocorre mais comumente na região lombo-sacra, tendo associação com hidrocefalia em 80 a 90% dos casos. Os defeitos do canal medular ou tubo neural são incertos (PINTO *et al.*, 2007).

O fechamento do orifício no canal medular pode ser realizado em pelo menos duas etapas: do sistema nervoso central propriamente dito (dura-máter) e dos tecidos sobrejacentes, como músculo, fáscia, gordura e pele.

Nessa perspectiva, a ação conjunta das equipes de neurocirurgia e cirurgia plástica traz benefícios para o paciente portador de meningomieloceles grandes, cujo fechamento primário torna-se difícil e com maiores riscos de complicações, por isso o tempo de fechamento precoce é primordial para prevenir complicações, como o não fechamento do tubo neural ou mesmo infecção grave.

A **anóxia** caracteriza-se por uma situação de diminuição ou insuficiência de oxigenação no sangue que não consegue suprir corretamente as exigências metabólicas. A anóxia perinatal corresponde a um déficit na oxigenação dos órgãos fetais durante o parto (CLOHERTY; STARK, 2000)

O parto é um momento crítico para o feto, pois na vida intrauterina os pulmões fetais não são funcionastes, estes se encontram preenchidos por líquido e a circulação sanguínea para o pulmão é pobre. Portanto, no momento do nascimento, mais especificamente na transição da vida intrauterina para o ambiente extrauterino, o recém-nascido deverá conseguir inflar seus pulmões e reorganizar-se, imediatamente, com a circulação sanguínea. O insucesso em qualquer um destes eventos leva a uma situação de asfixia (NASCIMENTO *et al*, 2004).

A depender da intensidade e duração da asfixia, a falta de oxigenação adequada pode comprometer diversos órgãos, entre os quais se destacam: coração, pulmões, rins, adrenais, fígado, intestino e medula óssea. Os danos cerebrais decorrentes da hipóxia perinatal são os mais graves e as maiores causas de morbidade e mortalidade infantil. Estes podem causar retardo mental, ataques epilépticos e paralisia cerebral. Períodos prolongados de anóxia perinatal diminuam a capacidade de resistência do feto e provocam alterações graves no organismo do recém-nascido (NASCIMENTO *et al.*, 2004).

3. Principais orientações prestadas

Primeiramente, deve-se perceber o diferencial entre os termos ORIENTAR e ACONSELHAR, embora alguns dicionários os tratem como sinônimos. Esse dois métodos são palavras-chave em nossa profissão, pois compete ao enfermeiro promover informações para a clientela a qual está assistindo.

Orientar baseia-se em dirigir, encaminhar, guiar uma pessoa. Por exemplo: as mães de filhos prematuros devem, antes de sair da maternidade, procurar o serviço responsáveis para a realização do teste do pezinho, o qual é realizado as quintas-feiras.

Por outro lado, aconselhar é sugerir, recomendar, propor. Por exemplo: Você, que é mãe de prematuros, tem vontade de amamentar o seu filho por seis meses de vida? Mediante reposta positiva, o profissional deve insinuar, sugerir a prática de amamentar, mostrando-lhe as vantagens e incentivando-a. Caso resposta negativa, deve procurar alternativas que melhorem a sua abordagem para o incentivo aleitamento materno.

3.1 Aos pais e família:
- Informar sobre o motivo da internação e a situação do bebê (se for o que estiver assistindo);
- Ensina-lhes o uso de equipamentos de proteção individual para entrada no setor;
- Esclarecer sobre os horários de visitas;
- Manter um ambiente silencioso;
- Dar informação do bebê, sempre no respectivo leito ou próximo (utilizar o prontuário ou prescrição diária). **Cuidado para não dar informações trocadas.**
- Explicar o procedimento ao qual o bebê será submetido;

- Esclarecer sobre dúvidas dos pais frente aos equipamentos que os bebês estiverem usando;
- Evitar utilizar termos técnicos.

3.2 Especificamente às Mães

- Aconselhar quanto à prática de Amamentação e o aleitamento materno exclusivo;
- Ensinar quanto realização da higiene do bebê, respeitando as normas do setor;
- Aconselhar a doação de leite (encaminhar para o banco de leite);
- Oferecer o bebê para que a mãe possa colocar no colo;
- Ensinar a correta técnica da amamentação;
- Ensinar a dar o leite pela sonda orogástrica, para criação de vínculo;
- Orientar que venham sempre visitar o seu filho.

Para o acadêmico de enfermagem que irá permanecer no setor durante o seu estágio, e ao enfermeiro, sugere-se a criação de um plano de assistência à família

As orientações realizadas, em especial pela equipe de enfermagem, apontam para cuidados com os recém-nascidos no sentido de:

- Lavagem das mãos antes da entrada na UCINCO e após tocar em objetos e/ou materiais, bem como lavar novamente as mãos antes de pegar no recém-nascido;
- As mães devem ser orientadas a pega e sucção correta do bebê ao seio, para evitar intercorrências futuras, tais como mastite lactacional;
- Recém-nascido em amamentação sob leite materno humano e oral, os cuidado são quanto à orientação com a ingesta no copinho, evitando aspiração pelas vias aéreas;
- Cuidados da equipe com o recém-nascido, em relação à higienização e troca de fraldas, evitando dermatites;
- Mudança de decúbito, sempre que possível, evitando úlceras por pressão;
- Retirada de cobertores umedecidos;
- Avaliação dos sinais vitais, com ênfase na temperatura, frequência respiratória e saturação de O_2, uma vez que em sua maioria são recém-nascidos com desconforto respiratório e/ou processos infecciosos.

4. Principais Diagnósticos de Enfermagem

A sistematização da assistência de enfermagem se configura com método de planejamento do cuidado frente às características encontradas em cada paciente. A sua completa utilização desenvolve um resultado positivo, uma vez que o enfermeiro utilizará seus conhecimentos teórico-científicos para a promoção de um cuidar holístico.

Abaixo os principais diagnósticos de Enfermagem (NANDA 2012-2014) presente na UCINCO:

- Risco de aspiração relacionado à presença de sonda;
- Risco de aspiração relacionada ao registro gástrico aumentado;
- Risco de infecção relacionado a procedimentos invasivos;
- Risco de infecção relacionado à exposição de patógenos;
- Padrão respiratório ineficaz relacionado à imaturidade neurológica evidenciado por dispnéia e/ou bradipnéia e/ou taquipnéia;
- Padrão respiratório ineficaz relacionado à fadiga da musculatura acessória evidenciado por uso da musculatura acessória;
- Ventilação espontânea prejudicada relacionada à fadiga da musculatura respiratória evidenciada por SaO_2 diminuída;
- Desobstrução ineficaz das vias aéreas relacionada a muco excessivo, secreções retidas, evidenciada por cianose, mudança na freqüência respiratória;
- Desobstrução ineficaz das vias aéreas relacionada à presença de via artificial, evidenciada por mudança do ritmo respiratório;

- Troca de gases prejudicada relacionada a desequilíbrio na ventilação perfusão evidenciada por cianose, batimento da asa do nariz, dispnéia e hipoxemia;
- Mucosa oral prejudicada relacionada à higiene oral ineficaz;
- Risco de integridade da pele prejudicada relacionada a fatores mecânicos;
- Risco de desequilíbrio na temperatura corporal relacionado a extremo de idade;
- Icterícia neonatal relacionada à idade do neonatal entre 1 a 7 dias de vida evidenciado por (bilirrubina sérica total > 2 mg/dL);
- Icterícia neonatal relacionada à idade do neonatal entre 1 a 7 dias evidenciada por pele amarelo–alaranjado;
- Hipertermia relacionada à exposição a ambiente quente evidenciada por aumento Temperatura axilar e/ ou taquicardia e/ ou taquipéia e /ou convulsões;
- Hipotermia relacionada a doença e ou diminuição da taxa metabólica evidenciado por cianose e/ ou pele fria e/ ou piroereção;
- Motilidade gastrointestinal disfuncional relacionado à prematuridade evidenciado por mudança dos Ruídos hidroaéreos e ou resíduo gástrico;

- Volume de líquido deficiente relacionado à falha dos mecanismos reguladores evidenciado por aumento da temperatura corporal;
- Risco de sangramento relacionado por problemas da gravidez (placenta prévia, gravidez molar, deslocamento prematuro da placenta);
- Padrão ineficaz de alimentação do bebê relacionado à prematuridade evidenciado por incapacidade de iniciar sucção;
- Amamentação interrompida relacionada à prematuridade evidenciada por separação entre mãe e filho;
- Amamentação eficaz relacionada à idade gestacional da criança superior 34 semanas evidenciado por sucção do peito regular;
- Amamentação Ineficaz relacionada reflexo de sucção insatisfatório evidenciado por incapacidade de apreender a região mamilar;
- Comportamento desorganizado do bebê relacionado a procedimentos invasivos evidenciado por choro irritável;
- Risco de hipoglicemia relacionado à prematuridade e /ou retardo na amamentação e/ou hipotonia e/ou tremores;
- Risco de trauma evidenciado por fixação inadequada do cateter;

- Dor aguda relacionada a agentes lesivos evidenciada por comportamento expressivo (gemido, agitação);
- Risco de glicemia instável relacionada a níveis de desenvolvimento;
- Risco de vinculo prejudicado relacionado a recém-nascido pré-termo que é incapaz de iniciar o contato com os pais devido à organização comportamental alterada e a separação.

Referências

BARBAS, C. S. V.; MATOS, G. F. J. Diagnóstico da Síndrome do Desconforto Respiratório Agudo na Criança. **Pulmão RJ**, v. 20, n. 1, 2011.

BRASIL. Ministério da Saúde. **Atenção a saúde do recém-nascido. Guia para os profissionais de saúde.** 3 ed. Brasília (DF), 2011.

CETIN, I.; ALVINO, G. Intrauterine growth restriction: implications for placental metabolism and transport. **A Review. Placenta**, v.30, Suppl A, 2009.

CLOHERTY, J. P.; STARK, A. R. Manual de Neonatologia. 4° ed. Medsi, 2000.

NANDA. **Diagnóstico de enfermagem da NANDA**: definições e classificações – 2012-2014. Porto Alegre: Artmed, 2012.

NASCIMENTO, S. B. *et al*. **Prevalência e fatores associados à anóxia perinatal nas maternidades de Aracaju e sua repercussão sobre a mortalidade infantil**. II Seminário de Pesquisa da Fundação de Amparo à Pesquisa do Estado de Sergipe - FAP-SE (Aracaju), outubro, 2004.

PINTO, R. D. A. *et al.* Tratamento cirúrgico de meningomielocele no período neonatal. **ACM arq. catarin. med.**, v. 36, supl. 1, 2007.

TRUPPEL, T. C. *et al.* Sistematização da Assistência de Enfermagem em Unidade de Terapia Intensiva. **Revista Brasileira de Enfermagem**, Brasília, v.62, n.2, 2009.

MOREIRA NETO, A. R.; CÓRDOBA, J. C. M; PERACOLI, J. C. Etiologia da restrição do crescimento intrauterino (RCIU). **Com. Ciências Saúde**, v.22, Sup 1, p.21-30, 2011.

Capítulo 3. Banco de Leite

Antonia Mauryane Lopes
Augusto Everton Dias Castro

1. Conceituação

Os bancos de leite assumem grande importância dentro das maternidades. São ambientes agradáveis, reservados para a coleta, distribuição e controle da qualidade do colostro. Tem com função otimizar o esforço para o aumento da demanda de doação de leite por parte das nutrizes (MAIA *et al.*, 2006).

Segundo a Anvisa (2006), consideram-se nutrizes aquelas puérperas que produzam leite que exceda a necessidade do seu bebê, e que, espontaneamente, decidam doá-lo.

Os bancos de leite atualmente funcionam com o objetivo de obter leite humano. Antigamente, havia uma obsessão exagerada referente à extração do leite, sendo que muitas vezes esses bancos adotavam medidas incabíveis. Como forma, eles remuneravam as nutrizes de acordo com o volume produzido. Apesar de essa medida ser totalmente errada, repercutiu por muitos anos. Hoje, a prática de doação de leite é vista com um processo que preconiza a voluntariedade e a consciência, sendo que a doação somente diz respeito à solidariedade da mãe que decidi aderir à prática (BRASIL, 2008; BRASIL, 2013).

Os bancos de leite são mediados por programas nacionais, propagandas na TV, rádios e redes sociais e por qualificação de profissionais que fazem inserção nesse ambiente com intuito de melhorar e intensificar a busca ativa de mães doadoras.

2. Procedimentos de coleta e tratamento do leite

O enfermeiro, no decorrer da assistência à puérpera, e ao se deparar com grande produção de leite (além das necessidades do recém-nascido), deve orientá-la como apta a doação de leite, desde que não esteja fazendo uso de medicações que impossibilitem esse procedimento (BRASIL, 2013).

O leite deve ser coletado em recipiente de vidro, previamente lavado com água e sabão, submetido à fervura por 15 minutos. Na secagem do recipiente, não enxugar: deixá-lo secar naturalmente, com a boca para baixo, em um pano limpo (BRASIL, 2013).

A mulher então lavará as mãos e antebraços, e se posicionará em um local limpo e tranquilo. Durante a ordenha (preferencialmente manual), orientar a mulher a prender os cabelos e evitar falar durante o processo, para evitar contaminação do leite. Armazená-lo congelado por um período de, no máximo, 30 dias (BRASIL, 2013).

Logo ao ser coletado, o material deve passar por uma espécie de triagem, na qual serão verificadas: as condições de embalagem, presença de sujidades, coloração, *off-flavor* (perda de material em decorrência de fatores externos, gerando odor desagradável), acidez e conteúdo energético. As doações que não apresentarem condições satisfatórias nessa triagem deverão ser descartadas (SOUSA; SILVA, 2010; BRASIL, 2008; NOVAK *et al.*, 2008).

Posteriormente, leite segue por um processo composto por seis etapas: descongelamento, novo envasamento, pasteurização por 30 minutos a uma temperatura de 62,5°C, resfriamento do material, coleta de uma amostra do líquido para análise microbiológica e, por fim, armazenamento em estoque a -2°C por um período de até seis meses (RIBEIRO *et al.*, 2005).

A sequência correta dessas etapas e um atento controle microbiológico são essenciais para a manutenção da saúde dos recém-nascidos que irão consumi-lo, uma vez que leite infectado é causa importante de doenças no neonato (SERAFINI, 2003).

Fatores como vencimento da validade do leite e acidez do material representam duas das maiores causas de perdas. Tais fatores encontram resolução em bancos de leite que possuam equipe adequada, disponibilidade de recursos materiais e disponibilidade adequada de doações (ROZENDO *et al.*, 2009).

Diante desse setor, o enfermeiro deve exercer ações que não se limitem a habilidades técnicas, como explicar o processo de ordenha. É importante que a lactante obtenha, além de suporte físico, amparo emocional, espiritual e cultural, favorecendo para que a doação seja um momento prazeroso (SOARES et al., 2011).

Referências

BRASIL. Agência Nacional de Vigilância Sanitária. Resolução RDC nº 171, de 4 de setembro de 2006. **Dispõe sobre o Regulamento Técnico para o Funcionamento de Bancos de Leite Humano.** Diário Oficial da União, Brasília, DF, 5 set. 2006.

BRASIL. Ministério da Saúde. **Banco de leite humano:** funcionamento, prevenção e controle de riscos. Brasília: Ministério da Saúde, 2008.

BRASIL. **Rede Brasileira de Bancos de Leite Humano.** 2013. Disponível em: < http://www.redeblh.fiocruz.br>. Acesso em: 26/09/2013.

MAIA, P. R. S et al. Rede Nacional de Bancos de Leite Humano: gênese e evolução. **Rev. Bras. Saúde Matern. Infant.**v.6,n.3, 2006.

NOVAK, F. R. et al. Análise sensorial do leite humano ordenhado e sua carga microbiana. **J. Pedriatr. (Rio J.)**, v. 84, n. 2, 2008.

RIBEIRO, K. D. S. et al. Efeito do processamento do leite humano sobre os níveis de retinol. **J. Pediatr. (Rio J.)**, v. 81, n. 1, 2005.

ROZENDO, C. A. et al. Doação de leite humano: causas de perdas. **Rev. enferm. UERJ**, v. 17, n. 4, 2009.

SERAFINI, A. B. et al. Qualidade microbiológica de leite humano obtido em banco de leite. **Rev. Saúde Pública**, v. 37, n. 6, 2003.

SOARES, C. T. A. et al. The demand for assistance from the nursing staff in a human milk bank and its motivations. **Cad. Saúde Colet.**, v. 19, n. 3, 2011.

SOUSA, P. P. R.; SILVA, J. A. Monitoramento da qualidade do leite humano ordenhado e distribuído em banco de leite de referência. **Rev. Inst. Adolfo Lutz**, v. 69, n. 1, 2010.

Capítulo 4. Unidade Canguru

Thiago Rêgo Vanderley
Augusto Everton Dias Castro
Antonia Mauryane Lopes
Brenna Emmanuella de Carvalho

1. Caracterização da unidade

A Unidade Canguru (UC) é um setor da maternidade destinado a recém-nascidos com baixo peso e/ou que necessitem de cuidados específicos de saúde. Recepciona puérperas e bebês advindos normalmente do Centro Obstétrico ou da UCINCO.

A equipe que compõe esse setor é multiprofissional, podendo ser elencados enfermeiros generalistas, médicos pediatras e neonatologistas, fonoaudiólogos, fisioterapeutas, nutricionistas, assistentes sociais, psicólogos. Não obstante, comumente há a presença diária de acadêmicos de diversas áreas (Enfermagem, Medicina, Nutrição, Fisioterapia), que permitem que a assistência seja mais efetiva.

A estrutura física é divida em:

Enfermarias gerais: são destinadas a cuidados gerais aos recém-nascidos ali internados.

Enfermarias Canguru: são enfermarias mais espaçosas, equipadas de forma que fazem com que a internação se torne menos traumática, pois tem um ambiente que se aproxima mais ao aspecto domiciliar. Destina-se principalmente a recém-nascidos que nasceram prematuros, com baixo peso.

2. Considerações acerca do Método Canguru

Esse método surgiu na Colômbia, por volta de 1979, idealizado e implantado pelos doutores Edgar Rey Sanabria e Hector Martinez, no Instituto Materno-Infantil de Bogotá (BRASIL, 2009).

No Brasil, a divulgação do Método Canguru (MC) de assistência ao pré-termo ou recém-nascido de baixo peso iniciou-se em 1999, no Rio de Janeiro, com a Conferência Nacional Método Canguru, a qual se objetivou a divulgação do método, além de disseminar os benefícios sociais e econômicos possibilitando acesso ao conhecimento por parte dos gestores da saúde e demais grupos interessados aos fundamentos científicos e impacto social desta alternativa viável e segura (CARVALHO, 1999).

O Ministério da Saúde (2002) define o método canguru como uma assistência neonatal na qual há o contato precoce, pele a pele, entre mãe e Recém-Nascido de Baixo Peso (RNBP), pelo tempo que ambos entenderem ser suficiente e prazeroso, permitindo assim que haja uma maior participação dos pais no cuidado a seu recém-nascido.

As principais vantagens do MC, de acordo com o Ministério da Saúde (2009) são:
- Favorece o vínculo mãe-filho;
- Reduz o tempo de separação mãe-filho;

- Proporciona desenvolvimento neurocomportamental e psicoafetivo ao RNBP;
- Permite o início mais precoce e duradouro do **aleitamento materno**;
- Proporciona controle térmico;
- Ajuda no desenvolvimento sensorial;
- Ajuda a diminuir o risco de infecção hospitalar;
- O RNPB passa a ter menos estresse;
- Aumenta o vinculo da família com a equipe de saúde;
- Transmite aos pais maior confiança ao manusear seu filho, principalmente após a alta hospitalar;
- Contribui para um melhor aproveitamento dos leitos da Unidade de Terapia Intensiva e Intermediaria, pois aumenta a rotatividade nestes leitos;

Além dessas vantagens, estudo realizado por Entringer (2013) identificou que os custos relativos à Unidade Canguru são em torno de 25% inferiores quando comparados a uma Unidade Intermediária (UI) convencional e proporciona maior rotatividades nos leitos das UI convencional, uma vez que não há necessidade da ocupação destes leitos por bebês da UC, por serem clinicamente mais estáveis.

Na primeira etapa, o RNBP é internado na Unidade Intensiva, são fornecidas informações para a mãe e os familiares sobre as condições do bebê, a amamentação, os cuidados e os procedimentos, para que possam compreender melhor a prematuridade. Na primeira etapa, e de suma importância que haja estimulação do contato dos pais com seu filho, deve ser realizada sempre que possível para que haja a criação do vínculo entre o RNBP e seus pais (BRASIL, 2002).

Na segunda etapa, o bebê já se encontra estabilizado e com maior massa, faz-se necessário acompanhamento contínuo da mãe de preferência na posição canguru, sempre que possível, confortável e prazerosa para ambos. A adesão da mãe ao MC deve ser resultado do consenso entre a mãe, família e equipe de saúde do hospital e a mãe deve aprender a identificar possíveis alterações na criança, como apnéia, cianose, entre outras (BRASIL, 2002).

A alta hospitalar define o fim da terceira etapa e ao final deste processo a mãe deve estar preparada, junto com os demais familiares para que haja continuação do método. O RNBP deve ter no mínimo 1500 g, ter ganho peso nos três dias que antecedem a alta e ter capacidade de sucção exclusiva ao peito. A partir daí o acompanhamento passa a ser ambulatorial onde serão avaliados o desenvolvimento desta criança através de exames físicos. Além disso, serão fornecidas orientações e acompanhamento em possíveis consultas e tratamento especializados (BRASIL, 2002).

3. O banho de Ofurô

Como proposta inovadora nos alojamentos conjuntos, cresce a realização do banho de ofurô em recém-nascidos, que tem como objetivo manter a criança na mesma sensação que teve no útero da mãe. O banho do ofurô possui ainda efeito de relaxante e terapêutico.

Quando o bebê completa seis meses dentro do útero da mãe, há o desenvolvimento da sua memória e, antes de um ano de idade, será capaz de relembrar as sensações sentidas ainda no útero. Ao ter contato com água, lembrar-se-á da posição que ficava, da proteção e aquecimento que o ambiente uterino produz (REIBSCHEID, 2013).

O momento do banho torna-se muito prazeroso e melhora substancialmente a irritabilidade, cólicas e algesia em bebês. No entanto, para que os bebês possam usufruir dessa técnica, é necessário que os profissionais ajudem a mãe durante a execução da técnica. Vale também destacar que para o banho torne-se terapêutico, é preciso respeitar alguns cuidados, quais sejam:

- A temperatura deve estar entre 36 e 37 °;
- Pode e deve ser realizado ainda na sala de parto e até os seis meses de idade;
- O bebê deve ser acoplado no fundo do balde, imitando a posição sentada, submerso na água ao nível dos ombros;
- Não deixar o bebê flutuar.

Referências

BRASIL. Ministério da Saúde. **Manual do Método Mãe Canguru**. Brasília: Ministério da Saúde, 2002.

BRASIL. Ministério da Saúde. Secretaria de Atenção à Saúde. Área de Saúde da Criança. **Atenção humanizada ao recém-nascido de**

baixo peso: Método Mãe-Canguru. 2ª ed. Brasília: Ministério da Saúde, 2009.

CARVALHO, M. R.; PROCHNIK, M. **Método mãe-canguru de atenção ao prematuro**. Rio de Janeiro: BNDES; 1999.

ENTRINGER, A. P. et al. Análise de custos da atenção hospitalar a recém-nascidos de risco: uma comparação entre Unidade Intermediária Convencional e Unidade Canguru. **Cad. Saúde Pública**, Rio de Janeiro, v. 29, n. 6, 2013.

REIBSCHEID, M. **Banho de ofurô** – Propriedades terapêuticas. Disponível em: <http://www.pediatriaemfoco.com.br>. Acesso em: 26 set. 2013.

www.ingramcontent.com/pod-product-compliance
Lightning Source LLC
Chambersburg PA
CBHW070432180526
45158CB00017B/1104